KATZEN

KATZEN

Tom Howard

parkland

Übersetzung und Redaktion: Alfred P. Zeller

Satz: Fotosatz Weyhing, Stuttgart
Printed in Hong Kong
ISBN 3-88059-615-8

INHALT

EINFÜHRUNG

Warum sind Katzen so ungemein beliebte Haustiere? Manche Menschen schätzen sie wegen ihrer Anmut, Schönheit und offenkundigen Intelligenz, andere haben es ganz einfach gern, ein anschmiegsames Schmusetier um sich zu haben. Allein schon das Kraulen eines Katzenfelles kann beruhigen und entspannen, wie uns die Psychologen versichern. In Wirklichkeit aber sind Katzen gar nicht so gesellig, wie viele glauben: Sie sind ungemein selbstbewußte Einzelgänger. Zwar geben sie oft zu erkennen, daß sie sich in der Gesellschaft von Menschen wohlfühlen und ihre Zuwendung genießen, doch immer wieder sondern sie sich ab, um eigenen Interessen zu folgen und der häuslichen Gemeinschaft zu entfliehen.

Die Katze ist auf dem besten Wege, zum beliebtesten aller Haustiere zu werden. Doch unter allen vom Menschen domestizierten Tieren hat sie noch am meisten von ihrer ursprünglichen Natur bewahrt. Erst in verhältnismäßig junger Zeit hat man begonnen, neue Schläge und Rassen zu züchten, was zuvor schon seit Jahrtausenden bei Hunden, Pferden und anderen Haustieren gang und gebe war. Nicht ohne Grund bezeichnet man die Katze als »Heimtiger«.

Das Leben der meisten Säuger, besonders der nächtlich jagenden Raubtiere, läßt sich nur schwer im Detail beobachten, aber die als Haustier gehaltene Katze bietet jedermann die Möglichkeit, ihr ganzes Dasein aus nächster Nähe mitzuerleben. Dieses Buch hat sich die Aufgabe gestellt, die bunte Vielfalt des Katzenlebens aufzuzeigen und die charakteristischen Verhaltensweisen zu erklären, die der Katze eigen sind.

SIEBEN LEBEN HAT DIE KATZE

Wenn man eine Katze friedlich in der Sonne sitzen und sich die Pfoten lecken sieht, kann man sich nur schwer vorstellen, daß sie von der Natur für ein Leben voller Risiken und Gefahren geschaffen ist. Sie ist eine wahre Überlebenskünstlerin, und nicht ohne Grund billigt ihr der Volksglaube sieben Leben zu. Dies verdankt sie nicht irgendeinem geheimnisvollen Schutz, sondern einem zweckmäßigen Körperbau und ihren hochentwickelten Sinnen, wenngleich auch Katzen Fehler machen und immer wieder verunglücken. In mancher Hinsicht sind sie dem Menschen zweifellos überlegen, doch auf anderen Gebieten können sie sich nicht mit ihm messen.

Katzen haben ein sehr biegsames Skelett und eine kräftige Muskulatur. Anders als der Mensch können sie den Kopf nach beiden Seiten um 180 Grad drehen. Für kurze Zeitspannen sind sie zu großer Kraftentfaltung fähig, aber da Herz und Lungen verhältnismäßig klein sind (mehr Raum nimmt der Verdauungstrakt ein), können sie diese Anstrengung nicht lange durchhalten.

Eine Katze kann in der Regel problemlos Hindernisse (etwa Mauern oder Bäche) überwinden, die die eigene Körperlänge um das fünffache übertreffen, da die kräftigen Hinterbeine einen mächtigen Schub erzeugen. Beim Sprung in die Tiefe verringert sie die Fallhöhe, indem sie sich zuerst bodenwärts streckt und dann möglichst flach abstößt. Dadurch kann sie besser während des Falls die Vorderpfoten nach unten strecken und die Hinterbeine spreizen, um auf allen Vieren zu landen und die Wucht des Aufpralls gleichmäßig zu verteilen.

Bei größeren Fallhöhen dreht sie sich notfalls durch Ruderbewegungen des Schwanzes in der Luft, um auf alle Viere zu kommen, doch bei zu heftigem Aufprall kann es Brüche und Gehirnerschütterungen geben. Weniger verletzungsgefährdet ist sie, wenn sie eine konstante Fallgeschwindigkeit erreicht hat, weil sie sich dann entspannt und sicherer landet.

Katzenkrallen können gefährliche Waffen sein, aber bei eingezogenen Krallen ist die Katzenpfote samtweich und ermöglicht ein lautloses Anschleichen. Mit Hilfe der gebogenen Krallen finden Katzen auch auf scheinbar glatten Flächen Halt; besonders hilfreich sind sie beim Erklettern von Bäumen. Katzen klettern gern und lieben es, die Welt aus erhöhter Warte zu beobachten.

Nicht ganz so leicht ist es für sie, wieder nach unten zu kommen. Beim Weg hinauf zieht sich die Katze Pfote für Pfote an ihren Krallen nach oben, aber da die Krallen rückwärts gebogen sind, gewähren sie beim Abstieg mit dem Kopf voraus keinen Halt. Auf einer nicht allzu steilen schiefen Ebene schafft das keine Probleme, wohl aber an einem senkrechten Baumstamm. An ihm hangelt sich die Katze im Rückwärtsgang herab, bis sie dem Boden nahe genug ist, um sich umzudrehen und dann sicher hinabzuspringen.

Katzen haben einen ausgezeichneten Gleichgewichtssinn, den sie dem sogenannten Vestibularapparat im Innenohr verdanken. Früher glaubte man, daß sich dieser von dem des Menschen unterscheide, aber Hochseilartisten entwickeln ähnliche Fertigkeiten. Katzen benützen ihren Schwanz, um das Gleichgewicht zu halten, doch auch für Manx und andere schwanzlose Katzen scheint das kein Problem zu sein.

Katzen haben ein sicheres Raumgefühl, stoßen sich selten und kommen mühelos durch schmale Öffnungen. Man hat gemeint, daß die Schnurrhaare auf Körperbreite wachsen, so daß die Tiere genau wissen, ob sie eine Lücke passieren können. Sicherlich spielen die Schnurrhaare dabei eine Rolle, aber weniger wegen ihrer Länge, als weil sie wie die Tasthaare der Vorderpfoten Luftdruckschwankungen wahrnehmen, die von den Objekten des Umfelds verursacht werden.

Wenn die Katze etwas hört, das sie interessiert, kommen die ungemein beweglichen Ohren ins Spiel, die sich um 180 Grad in Richtung der Schallquelle drehen können. Tiefere Töne werden von der Katze nicht so gut wahrgenommen wie vom Menschen, aber dafür hört sie viel bessere höhere Töne bis hin zum Ultraschallbereich der Fledermaussignale. Katzen lernen schon früh, aus dem allgemeinen Schallpegel die für sie wichtigen Geräusche herauszufiltern und notfalls blitzschnell darauf zu reagieren. Sie können aus dem Verkehrslärm das Kraftfahrzeug ihres Halters heraushören und schon aus großer Entfernung die Schritte eines vertrauten Menschen erkennen. Für die Katze als beutejagendes Raubtier ist es wichtig, auch das leiseste Rascheln im dichten Unterholz oder im Stroh einer Scheune wahrzunehmen.

Der Geruchssinn ist für die Katze lebenswichtig, vermitteln ihr doch Gerüche Informationen über Nahrung, Gefahren, Paarungsmöglichkeiten und Reviere. Die Katze auf unserem Bild hat die Duftmarke eines Hundes gewittert und als Reaktion auf eine mögliche Gefahr die Schwanzspitze leicht angehoben.

Die Riechfläche in der Katzennase ist etwa doppelt so groß wie beim Menschen; der Geruchswahrnehmung dient obendrein das sogenannte Jacobson-Organ zwischen Nase und Gaumen. Oft beobachtet man bei einer Katze eine seltsame Mimik, das sogenannte Flehmen: Sie sitzt bewegungslos mit starrem Blick, leicht geöffnetem Maul, hochgeschürzter Oberlippe und entblößter Zahnreihe. Dann saugt sie Geruchspartikel ein, die sie mit der Zunge durch Kanäle hinter den Oberzähnen zum Jacobson-Organ befördert.

Wie die Menschen können auch Katzen bei völliger Dunkelheit nichts sehen, sondern müssen sich auf ihre anderen Sinne verlassen. Allerdings sind ihre Augen so gebaut, daß sie jeden Lichtstrahl auszunutzen vermögen. Bei grellem Licht verengen sich die Pupillen zu Schlitzen, um Blendung zu vermeiden, und weiten sich bei abnehmendem Licht. Der Augenhintergrund ist mit einer Reflexionsschicht ausgekleidet, die bewirkt, daß einfallendes Licht die Netzhaut mehrfach reizt und Restlicht besser ausgenützt wird. Die kleinen grünsilbrigen Blättchen dieser Schicht bringen nachts bei auffallendem Licht die Katzenaugen zum scheinbaren »Glühen«.

Menschen sehen schärfer und mehr Farben als Katzen, aber bei schwachem Licht nützt ihnen das nicht viel; die Katzenaugen sind zweifellos der Welt des nächtlichen Jägers weit besser angepaßt.

Katzen sind wie alle Säugetiere Warmblüter. Nur kurz nach der Geburt und bei extremen Witterungsbedingungen sind sie nicht fähig, die Körpertemperatur konstant zu halten. Gewöhnlich sind sie jederzeit aktiv im Gegensatz zu den Reptilien, die sich erst von der Sonne »aufheizen« lassen müssen. Ihr Fell schützt sie vor Wärmeverlust.

Die ersten domestizierten Katzen waren allesamt kurzhaarig. Langhaarkatzen, besonders Rassen, die auf dieses Merkmal gezüchtet wurden, kommen nicht immer allein mit der Fellpflege zurecht. Viel mit Kamm und Bürste hantieren muß, wer seine edle Langhaarkatze auf Ausstellungen zeigen will, aber auch gewöhnliche Langhaarkatzen bedürfen der täglichen Fellpflege.

Beim Kreuzen von Katzen mit unterschiedlicher Haarlänge dominiert stets Kurzhaar über Langhaar und Mehrfarbigkeit über Einfarbigkeit. Verantwortlich für die Rotfärbung des Fells ist ein Gen in dem das Geschlecht bestimmenden Chromosomenpaar. Dieses Gen kann ein Kater erben, theoretisch aber nicht jene Genkombination, die die Schildpattfärbung (Schwarz, Rot, Creme) bewirkt. Wohl gibt es gelegentlich dank einer seltenen Chromosomenaberration schildpattfarbene Kater, doch sind sie fast immer unfruchtbar. Züchter können anhand der Elternstammbäume Farbe, Zeichnung und Körperform des Nachwuchses vorhersagen. Wurde erst einmal ein bestimmter Typ herausgezüchtet, kann durch gezielte Paarung eine Vielfalt von Farbvarianten geschaffen werden.

Zu den schönsten Katzen gehört die Chinchilla (rechts). Das lange seidenweiche weiße Fell weist schwarz auslaufende Spitzen auf, so daß es silbrig zu schimmern scheint. Der ziegelrote Nasenspiegel und die blaugrünen oder smaragdfarbenen Augen sind schwarz umrandet, was den Zauber noch erhöht.

Die Augenfarbe wird unabhängig von der Haarfarbe vererbt, aber blaue Augen führen in Verbindung mit weißem Fell nicht selten zu Taubheit. Kätzchen, die bei der Geburt auch nur den geringsten Farbeinschlag aufweisen (der später verschwindet), sind genetisch nicht weißhaarig und deshalb von dieser Regel nicht betroffen, aber reinweiße Katzen mit verschiedenfarbenen Augen (Bild oben) sind manchmal auf einem Ohr taub.

Bei den ersten Ausstellungen von Zuchtkatzen fanden die langhaarigen Perserkatzen (ursprünglich nannte man sie Angorakatzen) mit ihrem üppigen Fell die meiste Beachtung. Langhaarkatzen mit heller Körperfarbe und dunkler gefärbten Abzeichen an Kopf, Beinen und Schwanz (Bilder links und oben) nach dem Beispiel der Siamesen kamen erst sehr viel später auf und gelten als eigene Rasse, die zunächst Khmer, später Colourpoint Langhaar genannt wurde.

Ob lang- oder kurzhaarig, schlank und elegant oder stämmig und pummelig, ob edle Zuchtrasse oder zufällige Promenademischung – jede Katze ist ein Individuum mit einer eigenen Persönlichkeit. In dieser Eigenart können sich Katzen stärker unterscheiden als durch ihre Rassenzugehörigkeit. Aber bei aller Verschiedenheit teilen sie doch alle die gleichen Instinkte, Fähigkeiten und Verhaltensmuster, die sie unverwechselbar zu Katzen machen.

VERHALTENSWEISEN

Auch als hochentwickeltes Raubtier wäre die Katze dem Hungertod ausgeliefert, wenn sie nicht genügend Beute fände. Sie braucht deshalb ein ausreichend großes Jagdrevier und in diesem einen persönlichen Bereich, den sie energisch verteidigt. Wie groß das Revier ist, hängt von der Menge der Beutetiere und der Zahl der Katzen ab, die sich im gleichen Gebiet angesiedelt haben. Selbst Hauskatzen, die nicht auf Beutefang angewiesen sind, haben einen ausgeprägten Revierinstinkt.

Ein Neuling muß sich ein Revier erkämpfen, indem er beispielsweise eine andere Katze aus ihrem Revier vertreibt. Reviergrenzen können sehr kompliziert sein. Eine Katze kann auf das Dach, unter dem sie lebt, keinen Anspruch haben, und einen Garten können sich mehrere Katzen teilen, von denen keine in dem Haus lebt, zu dem der Garten gehört.

Katzen markieren ihr Revier an verschiedenen Punkten (nicht unbedingt an der Peripherie) durch Verspritzen von Urin und Kratzen, was ein sichtbares Zeichen setzt und gleichzeitig aus den Pfotenpolstern eine Duftmarke freigibt, sowie durch Reiben des Körpers an markanten Gegenständen, wobei Ausscheidungsdrüsen an Schläfen, Kinn und Schwanzwurzel Duftmarken setzen.

Markierte Stellen bedeuten nicht unbedingt, daß andere Katzen sich fernhalten müssen, sondern sind eher eine Art von Visitenkarte. Katzen inspizieren eine von einer anderen Katze markierte Stelle mit Interesse, nicht mit Furcht. Zwar wird ein Revier gegen einen Übernahmeversuch entschlossen verteidigt, aber nur selten wird eine andere Katze am Betreten des Reviers gehindert. Vor allem in städtischen Regionen gibt es Reviere, in die sich mehrere Katzen teilen.

Hauskatzen, die zusammen in einem Haushalt leben, und gemeinsam aufwachsende Jungkatzen teilen sich oft ein »Heim erster Ordnung«, in dem jede einen größeren Freiraum und Stellen hat, die sie als persönliches Eigentum betrachtet. Wenn ihr Vorrecht nicht in Frage gestellt wird, duldet sie auch eine andere Katze in ihrem »privaten« Bereich. Unter gemeinsam lebenden Katzen bildet sich manchmal, aber keineswegs immer, eine Rangordnung heraus. Oft dominiert nicht das stärkste Tier der Gruppe, sondern eine alte Katze, Mutter und Großmutter der übrigen.

Das Leben in einer Katzengemeinschaft hat seine Vorteile: gegenseitige Fellpflege, mehr Wärme in kalten Nächten und die Hilfe von »Tanten«, die sich mit um den Nachwuchs kümmern.

Katzen haben eine breite Skala von stimmlichen Äußerungen, vom sanften Schnurren, mit dem sich eine Katzenmutter mit den Kleinen verständigt, bis zum durchdringenden Ruf des rolligen Weibchens, von den sanften Locktönen des werbenden Katers bis zum ruhestörenden Kampfgesang. Wie die Menschen haben auch Katzen einen individuellen Stimmklang, ein eigenes »Timbre«. Katzenhalter erlernen rasch die Bedeutung der Laute, die ihr Liebling von sich gibt: Fordert er Zuwendung oder Fütterung, soll das Katzenstreu ausgewechselt oder die Tür geöffnet werden? Ein kurzes Miau kann »Dankeschön« heißen, und Schnurren signalisiert behagliches Wohlgefühl. Jeder kennt das Schnurren einer zufriedenen Katze, doch wie dieses Schnurren erzeugt wird, kann niemand mit Sicherheit sagen.

Eindeutiger als ihre Lautgebung ist oft die Körpersprache einer Katze. Ohren, Schwanz- und Körperhaltung, Fell, Mienenspiel und allgemeines Verhalten lassen erkennen, in welcher Stimmung das Tier ist. Am augenfälligsten ist das Zeichen der Begrüßung, der selbstsicher hoch erhobene Schwanz, oft mit nach vorn gebogener Spitze. Milde Warnung signalisiert ein hochgereckter Schwanz. Der allbekannte Katzenbuckel ist eine Abwehrstellung. Schlägt das Tier mit dem Schwanz von einer Seite zur anderen, ist es erregt und böse.

Wenn sich befreundete Katzen begegnen, berühren sie sich oft mit der Nasenspitze, wenden dann den Kopf dem Körper des anderen zu und streicheln sich gegenseitig mit den Schwänzen, um Duftmarken zu setzen. Bei Menschen, mit denen sie sich gut verstehen, streichen sie häufig um die Beine.

Wenn sich Katzen putzen, kommen sie mit ihrer Zunge fast überall hin, aber einfacher ist es, schwer zugängliche Stellen von anderen säubern zu lassen, und so wird eine hilfsbereite Zunge selten abgewiesen. Junge und befreundete Katzen putzen sich häufig gegenseitig. Dominierenden Katzen wird die Fellpflege von »Untergebenen« angeboten, die gut Wetter machen wollen.

Den meisten Katzen macht es Spaß, regelmäßig von Frauchen oder Herrchen gesäubert zu werden, und zufrieden schnurren sie, wenn »ihr Mensch« ihnen die Arbeit der Fellpflege abnimmt. Schon Jungkatzen sollten mit Kamm und Bürste vertraut gemacht werden. Offensichtlich genießen sie die Fellpflege körperlich, doch gut tut ihnen auch die dadurch gezeigte Zuwendung.

Katzen vermeiden Auseinandersetzungen nach Möglichkeit und kämpfen nur, wenn es sich nicht umgehen läßt. Zunächst versuchen sie, die Lage durch Drohgebärden und Drohlaute zu bereinigen. Gewöhnlich erkennt dann eines der Tiere die Überlegenheit des anderen an, indem es sich mit flach nach vorn gelegten Ohren auf den Boden kauert, sich also gewissermaßen so klein wie möglich macht.

Abwehr- und Angriffshaltung überlagern sich im sprichwörtlichen Katzenbuckel mit gesträubtem Fell, der eine den Angriff ankündigende Drohgebärde ist, aber auch schon beginnenden Rückzug anzeigt. Solche Überlagerungen kann man bei fast allen Konfrontationen beobachten.

Katzen sind nachtjagende Raubtiere, die in der Dämmerung am erfolgreichsten sind. Ihren Jagdinstinkt behält auch die Hauskatze, doch Jungtiere können nur dann eine Verbindung zwischen Beutefang und Nahrung herstellen, wenn sie von der Mutter dazu angehalten werden.

Katzen haben zwei Jagdtechniken: Anschleichen und Lauern. Geduldig lauert eine Katze stundenlang vor einem Mauseloch oder an einer Fährte, auf der Beute erwartet wird, um beim Auftauchen eines Opfers blitzschnell zuzuschlagen. Erfahrene Katzen warten allerdings ab, bis das Mäuslein sein Loch verlassen und sich ein wenig davon entfernt hat, da es bei einem sofortigen Angriff die Möglichkeit hätte, wieder in seinem Versteck zu verschwinden.

Die von den meisten Beutetieren nur grau in grau gesehenen Katzen sind in Gras oder dichtem Unterholz meist ohnehin kaum auszumachen, aber obendrein verstecken sie sich auch noch, indem sie dicht am Boden kauern. Beim Anschleichen bewegen sie sich rasch und fast lautlos, um der Beute möglichst nahe zu kommen, erstarren aber blitzschnell, wenn sie glauben, entdeckt worden zu sein. Wenn eine Katze einen Vogel sieht, der durch ein geschlossenes Fenster oder zu große Entfernung für sie außer Reichweite ist, gibt sie häufig ein keckerndes Schnarren von sich – warum, weiß niemand. Verrät es Erregung oder Unmut, ist es Herausforderung oder Drohung?

Eine Katze verschläft zwei Drittel ihres Lebens. Freilebende Katzen sind nachtaktiv, aber Hauskatzen passen sich dem menschlichen Tagesablauf an, besonders wenn sie im Bett von Frauchen oder Herrchen schlafen dürfen. Nicht immer schlafen sie die ganze Nacht durch; wenn niemand in der Wohnung ist, gönnen sie sich oft auch tagsüber ein Schläfchen. Ihr Schlaf besteht aus vielen kurzen Abschnitten und ist meist so flach, daß sie äußere Reize wahrnehmen und bei Gefahr reagieren können. Die Tiefschlafphasen, in denen sie völlig entspannt sind, dauern nur jeweils sechs bis sieben Minuten. In dieser Zeit können sie träumen, doch bedeutet ein Zucken von Pfoten oder Schnurrhaaren nicht, daß sie im Traum auf Jagd gehen. Vielmehr wird auf diese Weise aufgestaute Muskelenergie entladen.

MIEZES ALLTAG

Erwachsene Katzen gehen mit ihren Kräften haushälterisch um. In freier Wildbahn strengen sie sich nur beim Jagen und anderen lebensnotwendigen Aktivitäten an. Ihren Hauptschlafplatz haben sie in ihrem »Heim erster Ordnung« – bei vielen Hauskatzen ist es das Bett von Frauchen oder Herrchen –, aber weitere Ruheplätze für einen kurzen Schlummer, die je nach Tageszeit oder Gelegenheit aufgesucht werden, haben sie an allen möglichen (und unmöglichen) Orten.

Hauskatzen haben einen ausgeprägten Zeitsinn. Sie wollen zu bestimmten Zeiten gefüttert und versorgt werden, mit »ihrem Menschen« spielen oder aus der Wohnung gelassen werden, um andere Katzen zu treffen. Wenn man sich nicht an ihren »Stundenplan« hält, geben sie ihre Mißbilligung deutlich zu verstehen.

Nach dem Erwachen beginnt sich die Katze in der Regel genüßlich zu räkeln und zu strecken, um sich dann zu putzen, es sei denn, daß ein langer Schlaf den sofortigen Gang zur Toilette nötig macht. »Im Zweifel immer putzen«, scheint eine Grundregel der Katzen zu sein. Sie putzen sich häufig – teils, weil sie Sauberkeit schätzen, teils als Ersatzhandlung, um Verlegenheit zu überspielen, Zeit zum Überlegen zu bekommen, von ihren wahren Absichten abzulenken oder Gleichgültigkeit vorzutäuschen. Ihre Zunge ist von hornigen, rückwärts gebogenen Stacheln bedeckt, die wie Raspeln wirken. Damit können sie Fleischfasern von Knochen lösen, aber auch vorzüglich ihr Fell säubern. Stellen, die sie mit der Zunge nicht erreichen, säubern die Katzen mit einer speichelbefeuchteten Pfote. Das hat bei heißem Wetter obendrein den Vorteil, daß der auf den Haaren verteilte Speichel die Körpertemperatur konstant hält.

Katzen schlagen gern ihre Krallen in Holz und dehnen dann genüßlich den Körper. Mit dem der Markierung dienenden Kratzen hat das ebensowenig zu tun wie mit dem Wetzen der Krallen. Ein richtiges Wetzen ist das nicht, sondern es wird lediglich die stumpf gewordene äußere Hornschicht abgestreift. Das tun Katzen gewöhnlich an einem Lieblingsplatz, der manchmal obendrein durch Kratzen markiert wird. Wenn es sich dabei um ein Möbelstück handelt, kann dieses übel zugerichtet werden. Zum Glück kann man sie leicht daran gewöhnen, einen Kratzpfosten oder ein Kratzbrett anzunehmen. Vor der Anschaffung von Pfosten oder Brett sollte man beobachten, welche Position der »Heimtiger« für das Krallenwetzen bevorzugt.

Für einen vertrauten Menschen sind Katzen immer Auge und Ohr, sind zu spielerischen Liebkosungen aufgelegt, und ebenso gern wenden sie sich einem freundlichen Unbekannten zu, von dem sie ein paar Streicheleinheiten erhoffen. Wälzt sich eine Katze mit ungeschütztem Bauch auf dem Boden, zeigt sie ihre guten Absichten an und fordert zum Spielen oder Streicheln auf. Manche Katzen lassen sich gern am ungeschützten Bauch kraulen, aber nicht alle finden daran Gefallen, so daß bei einem Tier, das man nicht gut kennt, stets eine gewisse Vorsicht geboten ist. Zudem kann die auf dem Rücken liegende Katze auch rasch ihre krallenbewehrten Hinterbeine ins Spiel bringen. Eine Katze, die nicht gestreichelt oder gekrault werden will, kann mit diesen gefährlichen Waffen unversehens tiefe Schrammen in eine gutmeinende Hand reißen.

Alle jungen Katzen sind verspielt, gehört doch das Spielen zu ihrem Lernprozeß. Die Domestizierung hat bei den Katzen zu einer Beibehaltung kindlicher Verhaltensweisen geführt, weshalb erwachsene Hauskatzen sehr viel verspielter sind als ihre freilebenden Artgenossen. Verstärkt wird ihr Spieltrieb, wenn »ihr Mensch« regelmäßig mit ihnen spielt. Besonders beliebt sind das Spiel mit Fäden und Bällen, das »Jagen« und Apportieren von Spielsachen sowie das Verstecken. Am liebsten ist es den »Heimtigern«, wenn sie dabei einen Spielgefährten haben, sei es ein Artgenosse oder ein Mensch.

Wieder nach Hause zurückgekehrt, reibt und putzt sich die Katze gründlich, um den Kreislauf anzuregen und das Haarkleid zu säubern. Danach dreht sie sich gewöhnlich ein paarmal im Kreis, ein Instinkt aus der Wildnis, als dergestalt ein Rastplatz abgegrenzt wurde, und legt sich dann zur Ruhe nieder, möglichst in der Nähe einer Wärmequelle. Katzen ruhen mit Vorliebe im warmen Sonnenlicht, auf einer Ofenbank, an einem Heizkörper oder vor offenem Kaminfeuer. Nicht selten rücken sie so nahe an das Feuer heran, daß sie das Fell versengen oder gar der Schwanz kurzfristig in die Flammen gerät.

Eine Katze, die sich sicher fühlt und warm hat, streckt sich in voller Länge aus, um möglichst viel Wärme aufnehmen zu können; die eigene Körperwärme braucht sie jetzt ja nicht abzuschirmen. Bei Kälte hingegen rollt sie sich zusammen, um durch das Fell geschützt zu sein. Meist bedeckt sie dabei die Nase mit der Schwanzspitze.

KATZENMÜTTER UND IHR NACHWUCHS

Katzen sind meist ausgezeichnete Mütter und gebären problemlos, obgleich es auch bei ihnen Sturz- und Totgeburten gibt und (besonders bei Langhaarkatzen) Kaiserschnitte nötig sein können. Das Problem besteht nicht darin, Katzennachwuchs zu bekommen, sondern diesen unterzubringen. Bei aller Beliebtheit der Katzen als Haustiere werden doch Jahr für Jahr zahllose unerwünschte Kätzchen geboren, die dann von Tierärzten und Tierasylen eingeschläfert werden müssen. Nur wer ganz sicher ist, den Nachwuchs bei geeigneten Menschen unterbringen zu können, sollte sich die Freude leisten, seine Katze gebären und die Kleinen aufziehen zu sehen. Ansonsten bleibt ihm nur übrig, durch eine Kastration der Katze unerwünschten Nachwuchs zu unterbinden.

Die Trächtigkeit dauert bei Hauskatzen etwa neun Wochen. Zunächst sieht man davon nicht mehr, als daß die Zitzen sich fester und rundlicher aus dem Fell herausheben, doch rasch entwickelt die werdende Mutter einen größeren Appetit. Ansonsten ist sie bestenfalls etwas anschmiegsamer als sonst. Von der fünften oder sechsten Woche an beginnt sich der Leib zu runden. Nach etwa sieben Wochen setzt der Nestbautrieb ein, und jetzt sollte man ihr ein Wurflager herrichten. Der Geburtsvorgang ist in der Regel komplikationslos. Wenn das Junge zum Vorschein kommt, platzt die Fruchthülle, die Mutter verzehrt die Nachgeburt und trennt die Nabelschnur. Durch Lecken regt sie die Atmung ihres Kindes an. Katzen, die sehr an »ihrem Menschen« hängen, verzögern manchmal die Geburt, bis er in der Nähe ist, brauchen aber nur selten seine Hilfe.

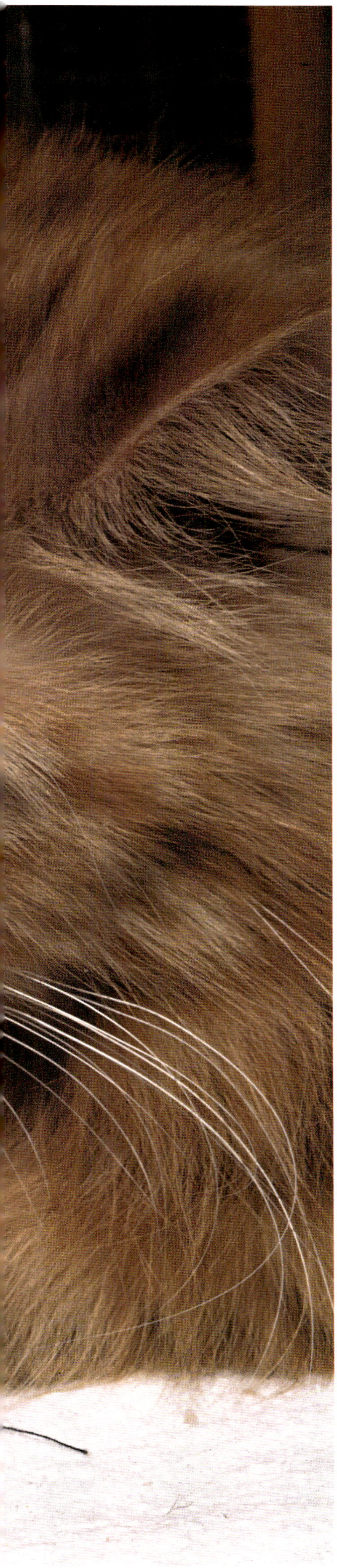

Die Augen der neugeborenen Kätzchen öffnen sich nach fünf bis zehn Tagen und brauchen noch eine weitere Woche, bis sie voll funktionstüchtig sind. Erst nach über zwei Monaten sehen sie so gut wie erwachsene Katzen. Zunächst sind alle Katzenaugen blau; die endgültige Färbung zeigt sich nach etwa drei Monaten. Die bei der Geburt angelegten Ohren stellen sich nach rund zwei Wochen auf und reagieren dann auf Schall, auch wenn das Kätzchen noch lange nicht so gut hört wie ein erwachsenes Tier. Der Geruchssinn ist nach etwa drei Wochen voll entwickelt. In den ersten drei Lebenswochen können Kätzchen ihre Körpertemperatur nicht kontrollieren; das ist ihnen erst nach einem weiteren Monat möglich. Deshalb schmiegen sie sich bei einer Abwesenheit der Mutter zu einem dichten Knäuel zusammen, um die Temperatur möglichst konstant zu halten.

Mit der Aufzucht der Jungen ist die Katzenmutter vollauf beschäftigt. In der ersten Zeit fordert sie noch die Kleinen zum Saugen auf, indem sie sie mit dem Leib umfaßt; doch später verlangen sie von sich aus Nahrung, und das oft rund um die Uhr. Das Säugen kann mehr als die Hälfte ihrer Zeit beanspruchen. Durch Lecken säubert sie nicht nur die Kleinen, sondern regt auch ihre Verdauung an. Neugeborene Kätzchen kann sie nur für kurze Zeit allein lassen, da sie sonst an Auskühlung eingehen würden, aber später muß sie sie verlassen, um Nahrung zu sich zu nehmen. Wenn die Kleinen mit drei bis vier Wochen umherzukrabbeln beginnen, ruft sie sie, wenn sie sich zu weit vom Nest entfernen, oder trägt sie am Genick ins Nest zurück. Wenn sich die Katzenmutter gestört fühlt, übersiedelt sie manchmal mit dem ganzen Wurf in ein neues Nest.

Mit etwa sechzehn Tagen beginnen junge Kätzchen zu krabbeln, und mit doppeltem Alter spielen sie mit den Geschwistern und treiben Fellpflege. Zuerst erproben Kätzchen im Spiel mit den Geschwistern die Verhaltensweisen, die für das soziale Katzenleben wichtig sind; es gibt Konfrontationen und sogar Kämpfe, bei denen die Kleinen mit gesträubtem Fell sich optisch zu vergrößern versuchen. Im Spiel geht es unentwegt hin und her. Ein Kätzchen jagt das andere, springt es an, um plötzlich innezuhalten und sich seinerseits jagen zu lassen.

Heranwachsende Kätzchen müssen lernen, ihren Körper zu beherrschen, und sich alle für ein Katzenleben erforderlichen Fähigkeiten aneignen. Sie müssen lernen, Entfernungen abzuschätzen, um gefahrlos springen zu können, müssen abwägen, wieviel Kraft ein bestimmtes Tun erfordert, müssen den Gleichgewichtssinn und ihre akrobatischen Fertigkeiten einüben, Erfahrungen im Klettern und Herabsteigen sammeln. Wenn ihre Sinne die volle Funktionstüchtigkeit erreicht haben, müssen sie lernen, sie wirksam zu gebrauchen, das Zusammenspiel aller Fähigkeiten zu üben und die Kräfte bestmöglich einzusetzen. Da für sie alles neu ist, machen sie viele Fehler, aber die Mutter paßt auf sie auf. Ernsthaft verunglücken sie selten, und kleinere Mißgeschicke fördern den Lernprozeß und mehren die Erfahrung.

Wenn die Kätzchen älter werden, müssen die unbeholfenen Ansprünge und tapsigen Jagden anderen Spielen weichen. Sie verhalten sich jetzt viel kontrollierter. Sie beginnen zu belauern und sich in Deckung anzuschleichen. Wenn sie etwas unternehmen, steckt eine Absicht dahinter. Sie können sich jetzt nicht nur sicher auf den Beinen halten, sondern sind auch imstande, mit den Pfoten kleinere Dinge umherzuschubsen. Sie nehmen alles mögliche ins Maul und beißen mit ihren kleinen spitzen Zähnen zu. So eignen sie sich allmählich all jene Fertigkeiten an, die sie bei der Jagd auf Beute brauchen. Sie lernen, mit den Ohren eine Geräuschquelle zu lokalisieren, mit den Augen Beute auszumachen und vor dem todbringenden Sprung sich fast lautlos anzuschleichen.

Wer an seiner Katze ungetrübte Freude haben will, sollte sie schon als junges Kätzchen erziehen. Das erfordert viel weniger Zeit als die Erziehung eines Hundes. Zwar wird eine Katze nie so auf Wort gehorchen wie ein wohldressierter Hund, aber viele in der Katzennatur liegende »Unarten« kann man ihr durch eine ruhige, geduldige Erziehung abgewöhnen. Das geschieht durch freundliches Zureden, Streicheln und Loben, was ein Kätzchen bald versteht. Völlig unangebracht und obendrein weitgehend wirkungslos sind Schlagen oder Einschüchterung durch Strafen. Um dem Tierchen ein unliebsames Verhalten abzugewöhnen, sollte man sofort bei der »Untat« reagieren, es beispielsweise vom Vorhang nehmen, den es erklommen hat, ihm ins Gesicht sehen und laut »Pfui« sagen oder ihm mit lautem »Pfui« einen plötzlichen Wasserstrahl aus einer Kakteenspritze versetzen. Danach sollte man das Kätzchen auf andere Spielgedanken bringen, indem man ihm beispielsweise sein Lieblingsspielzeug anbietet.

Die Erkundung der Welt verläuft nicht immer ganz glatt. Manches ist schwieriger, als es zunächst den Anschein hat. Wenn das Kätzchen beispielsweise entdeckt hat, wie leicht es ist, einen Baum zu erklimmen, sieht es sich vor das Problem gestellt, wieder nach unten zu kommen, und erkennt, daß dazu eine andere Technik vonnöten ist. Vieles muß ein Kätzchen auf sich gestellt herausfinden, und der Lernprozeß geht zeitlebens weiter.

Auch den Umgang mit anderen Tieren muß ein Kätzchen erlernen. Zum Glück sind viele Tiere gegenüber allen Jungtieren, auch denen anderer Arten, tolerant. Zwar wird das Kätzchen die ganze Skala seines Konfrontationsverhaltens durchspielen, doch provoziert wird es nicht. Und sollte es einmal bei einer Begegnung mit anderen Tieren gefährlich werden, kommen ihm seine vorzüglichen Kletterkünste zugute.

Mit acht Wochen sollte das Kätzchen das vollständige Milchgebiß haben und durch zunehmende Zufütterung (ab der dritten oder vierten Woche) auf feste Nahrung umgestellt sein, was freilich nicht bedeutet, daß es nicht doch auch dann noch bei passender Gelegenheit an den Zitzen der Mutter zu saugen versucht. Katzenmütter schätzen das freilich nicht, da die Zähnchen ihre Zitzen wund machen können, und so weisen sie die Kleinen oft ab, obwohl sie immer noch Milch haben. Die Kätzchen sind jetzt schon ziemlich selbständig, doch können sie immer noch viel von der Mutter und durch das Zusammensein mit den Geschwistern lernen. Hauskätzchen sollten erst im Alter von zwölf Wochen abgegeben werden. Frei lebende Katzenfamilien bleiben viel länger zusammen, ehe die Jungen die Gemeinschaft aufgeben, um sich eigene Reviere zu sichern.

Einem jungen Kätzchen fliegen alle Herzen zu, doch sollte der Entschluß, sich eine Katze zuzulegen, reiflich überlegt sein. Man muß wissen, daß man damit für lange Zeit Verantwortung für ein anderes Lebewesen übernimmt, für fünfzehn oder gar für zwanzig Jahre (die älteste Hauskatze wurde fast 36 Jahre alt). Das summiert sich in einer so langen Zeit zu einem beträchtlichen Aufwand an Geld, Zeit und Mühe: Das Tier muß ernährt, gepflegt und ärztlich betreut werden. Man muß sein Leben so einrichten, daß die Katze täglich regelmäßig gefüttert und bei längeren Abwesenheiten versorgt wird. Aber für all diese Mühe entschädigt die Freude, die einem eine Katze bereiten kann. Mark Twain hat einmal geschrieben: »Ein Zuhause ohne eine Katze, eine wohlgenährte, gut versorgte und wohlgelittene Katze, mag vielleicht ein vollkommenes Zuhause sein, aber wirklich beweisen läßt sich das nicht.«

AUF EIGENEN PFOTEN

Die Trennung von Mutter und Geschwistern und die Verbringung in eine neue Umgebung ist für jedes Kätzchen ein Schock, doch zum Glück ist die Erkundung seiner neuen Welt ein aufregendes Abenteuer, das es ganz und gar in Anspruch nimmt. Angst einflößen kann die Begegnung mit bereits im Haushalt lebenden Katzen und anderen Tieren, doch werden von diesen Jungkatzen sehr viel eher akzeptiert als ältere Tiere, die entschiedenere Revieransprüche stellen.

Obwohl Katzen ungemein beliebte Haustiere sind, hat doch nicht jedes Kätzchen mit seinem neuen Zuhause Glück. Manchmal wird es verhätschelt, solange es klein ist, aber vernachlässigt oder gar ausgesetzt, wenn der Reiz des Neuen verflogen ist. Dann muß es sich unter den vielen herumstreunenden Katzen behaupten, die ganz auf sich gestellt sind.

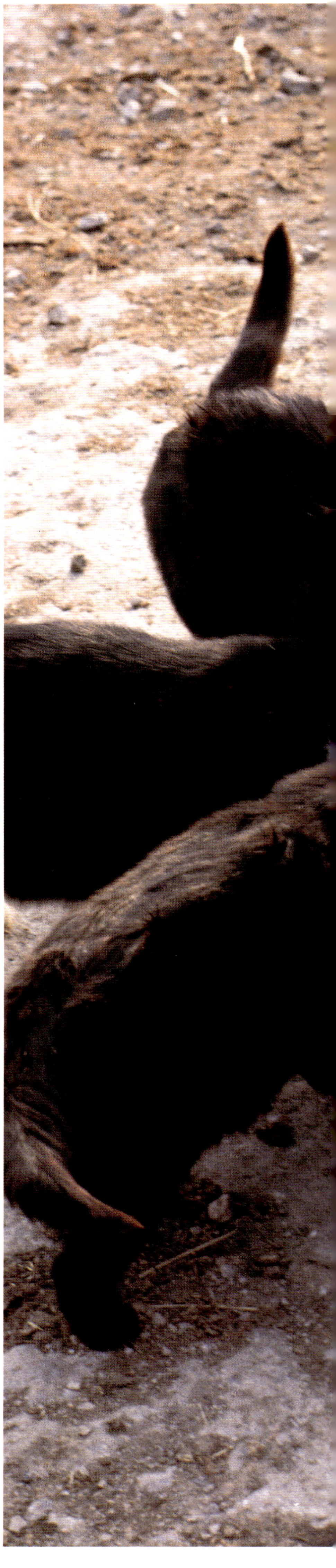

Auf Bauernhöfen sind Katzen oft halb Haustiere, halb Streuner. Sie bilden meist eine aus mehreren Generationen einer Katzenfamilie bestehende Lebensgemeinschaft, der sich gelegentlich auch andere Katzen anschließen dürfen. Das gemeinsame Revier, in dem sie ihre Beute jagen, besteht aus dem Bauernhof und seiner Umgebung, doch innerhalb dieses Reviers hat jedes Tier sein »Heim erster Ordnung«, gleichsam seinen Privatbereich. Bei einem zu starken Anwachsen der Population werden schwächere Tiere aus dem Revier vertrieben; sie müssen sich außerhalb eigene Territorien schaffen und verlieren im gemeinschaftlichen Revier alle Rechte.

Durch Fütterung und Zuwendung sorgt die Bauernfamilie dafür, daß die Tiere auf dem Hof bleiben. Sie werden nicht zu besseren Mäusefängern, wenn man sie hungern läßt. Katzen jagen, weil das ihnen angeboren ist, und eine kräftige und gesunde Katze kann mehr Beute schlagen.

Streunende Katzen suchen überall nach Nahrung, laben sich an verschütteter Milch, betteln an fremden Türen, besonders vor Gasthöfen, und machen sich über Mülltonnen her. Opportunisten sind freilich alle Katzen. Auch die bestversorgte Hauskatze ist der Überzeugung, daß fremdes Fressen besser schmeckt als das eigene und gestohlenes am allerbesten ist. Man sollte sie deshalb nicht in Versuchung führen und nichts Freßbares herumliegen lassen, auch wenn sie sich mustergültig verhält, wenn sie sich beobachtet glaubt. Das Kätzchen auf dem Bild rechts weiß genau, daß die Vögel längst weggeflogen sind, wenn es das Futterhäuschen erreicht, aber es hat es nicht auf die Vögel, sondern auf deren Futter abgesehen.

Der Zoologe Gilbert White hat darauf hingewiesen, daß eigenartigerweise Katzen zwar das Wasser gewöhnlich verabscheuen, aber gern Fisch fressen. Oft belauern sie stundenlang Fische in einem Teich oder Bach, und manche lernen sogar, kleinere Fische mit der Pfote zu »angeln«. Verbürgt ist auch, daß in ganz seltenen Fällen Katzen ins Wasser springen und tauchend Fische schlagen.

Eine ins Wasser gefallene Katze schwimmt gewöhnlich instinktiv in Hundemanier mit den Vorderpfoten, kann das aber nicht lange durchhalten.

In Fischerhäfen haben viele Katzen das Glück, allmorgendlich frischen Fisch fressen zu können. Die Katze auf unserem Bild kämpft schwer mit der Versuchung, sich aus dem Netz einen Fisch zu holen, obwohl sie weiß, daß sie bald gefüttert wird.

BILDNACHWEIS

Animal Photography/Sally Anne Thompson 20, 24, 80–81, 90–91; Animals Unlimited 1, 32, 72–73; Ardea 78, 80; Bruce Coleman/Jim Bain 43; Bruce Coleman/Jane Burton 2, 18–19, 27, 41, 53, 54–55, 58, 59, 66–67, 67, 69, 74–75, 82–83, 84, 85; Bruce Coleman/Jane Burton und Kim Taylor 10–11, 20–21; Bruce Coleman/Eric Crichton 5; Bruce Coleman/Hans Reinhard 6, 16, 22–23, 34–35, 37, 39, 46–47, 60–61, 68–69; Sally und Richard Greenhill 48, 93; Natural History Photographic Agency/Henry Ausloos 64-65; Stephen Dalton 76, 77; Octopus Publishing Group Ltd/Peter Loughran 29; Octopus Publishing Group Ltd /John Moss 28, 32-33; Solitaire Photographic 26, 88, 88–89; Spectrum Colour Library 8–9, 12, 13, 14–15, 30–31, 42–43, 46, 49, 50–51, 56–57, 57, 62–63, 73, 92, 94–95; Zefa Picture Library 10, 17, 25, 36, 38, 40, 44–45, 52, 70–71, 74, 79, 86–87.